U0152158

編輯大意

（一）本書供職業學校家事科教科之用。

（一）烹飪一事切於日用。舊日婦女雖人人習慣，苦無有系統之方習慣法中爲之擘分次序設立方案俾學校得之卽可施諸實行。

（一）烹飪爲家事科之實習學校所教宜以家常日用之飯菜爲主；不宜羅列珍羞，流於富侈本書編纂一依此旨趣。

（一）本書分前後二編：前編爲總論詳述烹飪各種應注意之事項後編爲各論則就家常日用之飯菜一一具列其烹飪法，先葷菜後素菜而葷素雜煮之菜，亦以次附述之。

（一）本書之著實爲創作，非如他種教科書，有東西書籍可以依據。雖不敢自詡

1

為空前傑構而經營慘淡，煞費苦心，閱者鑒之。

（二）本書不僅供學校教科之用，卽家庭婦女人手一編，熟玩其法，於烹飪之事，思過半矣。

目次

前編　總論

職業學校教科書：烹飪法

一

後編　各論

7

烹飪法

前編 總論

第一章 緒言

古語有云：「民以食爲天。」「人情一日不再食則飢。」是食之於民也可謂綦重矣。蓋人體猶如蒸汽機蒸汽機一日無燃料卽不能發生其效力；人體一日無食物，卽飢餓不能獲生存然食物之道瓜果之類一部分雖可生食其他如猪、羊、雞、鴨、魚、蝦之類，皆非熟煮不能食於是烹飪之法尙焉烹飪得宜不但合於衛生卽肥鮮固可適口淡薄亦堪下咽漢陸續之母切肉未嘗不方，斷葱以寸爲

一

度。晉李氏女絡秀，能與一婢，作數十人飲食，事事精辦。北宋汴京宋五嫂魚羹最有名，南渡臨安猶傳其法，可知烹飪之事，宜精而有法矣。精而有法，用錢省而可食；反是用錢雖多無益也。

我國北方多麵食，南方多食米飯，雖所食不同，而可供充飢則一。下飯需菜，麵食亦需菜。大略一食五件四菜一湯，葷素各半。如一桌七八人則盤碗須用大號；一桌五六人則盤碗可用中號。湯一碗須較大，或單純葷湯，或葷素雜會，或菜羹則須兩碗。盤碗各菜固不可過少，亦不必過多，僅足下飯可矣。非但居家節儉之道不宜暴殄天物，亦凡物罕則見珍，多則生厭，生人之心理然也。以食物言少則咀嚼倍覺有味，多則數見不鮮，珍羞亦等於蔬菜矣。

練習問題

（一）爲何食物必需烹飪？

（二）試述我國古時婦女之善烹飪者。

（三）烹飪精而有法，有何利益？

（四）一食應需幾件食物？

（五）菜多有何弊害？

第二章 食物與人生

吾人既知食物之綦重更應知食物中所含之成分，與生活究有若何之關係。明乎此則吾人日常應如何選擇食物卽可迎刃而解矣茲先言人生所必要之營養素約有下列五種：

一、水　為吾人排除體內老廢物所必需，如尿汗等全賴水以洩體外又肺及皮膚發散蒸氣以調節體溫，亦有賴於水。

二、鹽類　鹽類為骨骼肌肉血液及消化液等之成分。如缺少鹽類卽有發育不完全之象。

三、蛋白質　此為吾人營養上所最需要者蓋人體內臟腑皆含有蛋白成分，隨時需用蛋白質以補充之否則卽不能維持生活。

四.碳水化合物　此種物質能助人工作能力與發生體溫，其功效亦與碳水化合物略同皆爲主要之營養素也。

五.脂肪質　其功效亦與碳水化合物略同皆爲主要之營養素也。

除上五種以外則現今尚有新發見之維他命（Vitamin）或譯活力素，或譯維生素已闡明者有甲、乙、丙、丁、戊五種甲種能助人以發育及健康乙種亦助發育並可治脚氣病丙種能保養血液不至敗壞丁種可免佝僂病戊種能使人生殖，亦不可不注意也。

然此多種之營養素最爲吾人所需要者，則厥爲蛋白質脂肪質與碳水化合物也。食物中動物類多含蛋白質脂肪質，而少碳水化合物，植物類則多含碳水化合物，而少蛋白質與脂肪質。故欲選擇食物，要以動物類與植物類混食爲最佳。一般人以爲非肉食不足以營養者是但知其味之佳美，而不知其所含之成分矣。

烹飪法

（一）人類所需要之營養素有幾種？

（二）維他命之功效如何？

（三）人類最主要之營養素為何？

（四）食物中動物類與植物類所含成分有何不同？

（五）試述吾人應如何選擇食物。

六

心一堂 飲食文化經典文庫

16

第三章　食物與時令

食物不能分時令者猪羊雞鴨等是也。此種食物，四時皆有，不能强定某時食猪，某時食羊，某時食雞，某時食鴨也。惟魚與蔬菜四時不同。有此時所有，彼時所無者。然南北亦各不同，如南方雞四時皆有鴨則以夏秋間爲多。北方鴨四時皆有雞則以夏季爲多。鰣魚上市，南方自春末至夏初，北方則五六月尚有。海螃蟹南方冬季上市，北方則上市兩次，一在春夏之交，一在秋季。蔬菜則北方地冷，上市皆遲於南方。且北方冬季無生菜，惟有大白菜而已。其餘魚類，有北方所有，南方所無者，如冬季之大白魚鱘鰉魚鯉魚，北方味至美，南方則惡。有南方所有，北方所無者，如鯿魚鰱魚（南方亦呼胖頭魚，）北方甚罕。故食物不能斷定某爲春季，某爲夏季，某爲秋季，某爲冬季；惟預備多品，分門別類，以待隨時隨地酌

用之耳。

練習問題

（一）試舉不能分時令之食物。

（二）何種食物四時不同？

（三）試述魚類南北不同之情形。

（四）蔬菜南北方有何不同？

心一堂　飲食文化經典文庫

第四章　葷菜與素菜

家常食物可分葷素兩類請先言其葷者。

純用葷者單純者紅燒雞、鴨豬、羊肉之類，（俗稱爲燜）白煮雞鴨豬、羊肉之類，有不單純者雜以他物，白切雞鴨、豬、羊肉之類。（紅燒白煮者帶湯，白切者無湯。）不單純者雜以他物，

如葷則雜以海參蟶乾淡菜魚鯗之類；素則雜以筍菜豆莢瓜瓠蘿蔔、小芋之類。

或紅燒或白煮或炒或灺配搭得法則葷菜沾素菜氣味減其肥膩；素菜吸葷菜

膏脂變爲清腴其可口有過於單純葷菜者。其葷菜又雜以他物之葷者，亦以單

純葷菜厭其味之一於肥膩雜以乾菜之近腥者則一味中含有兩味亦以減其

肥膩之意其宜用乾菜者取其日乾風乾之別有風味若鮮魚與鮮肉相雜則兩

味相犯而不可食矣。

素菜亦有單純用素者，有素菜爲主，而稍雜葷菜者古人云春初早韭秋末

晚菘。（菘即俗稱大白菜，南方呼爲黃芽菜。）又云千里蓴羹末下鹽豉皆素菜

之美者大抵食素菜有四法：一宜炒，一宜拌，一宜清煮，一宜紅燒烹飪得宜甘芳

清脆，可口不下於葷菜。至於茭筍蒲（北方多有其質在竹筍、茭白之間味甚清

美。）椒（青椒、紅椒，四川、湖南及北人至嗜之，廣東人不食，江、浙人亦少嗜者。）

之類，皆有特別風味素菜四種食法皆可斟酌加入，倍覺可口。其稍雜以葷物者，

如大白菜冬瓜最宜用蝦米、壺瓜丁香鮰。（海濱一種小魚形如丁香。）若燒筍，

燒茄炒蠶豆豌豆宜用蝦米肉釘冬茭釘之類是也。

練習問題

（一）何謂單純葷菜？

（二）何謂不單純葷菜？

（三）單純與不單純葷菜之利弊如何？

一〇

心一堂　飲食文化經典文庫

20

（四）試述素菜之分類

（五）素菜以用何法烹飪爲宜？

職業學校教科書：烹飪法

二一

第五章　烹飪與火候

烹飪以火候爲主。火候得宜則味美，火候失宜則味惡。北方用煤，或竈或爐，火力均極猛烈，故最宜於油炮湯炮及炆炒諸菜。如油炮羊肚、油炮豬肚、湯炮豬羊肚、炮羊肉、炆肝胘（亦作肫雞胃俗又名硬肝。）炆小雞、（北方雞肉粗小者方嫩。）炒魚片、抓炒魚肉炒肉絲、炒雞絲之類皆其所長而用武火者也。火之猛烈者爲武微緩者爲文。南方用柴火用木炭或用稻草用棉花梗火力緩而微宜於蒸燜等菜。如蒸肉蒸雞鴨、蒸魚以及紅燒白煮之類皆能燜熟而味愈厚此用文火者也。大概文火能燜而不能脆，武火能脆而不能燜。然北方鍋厚非猛火不可，故爐竈口小腹亦不大煤燒透而火力聚猛且經久。若要文火則用有孔鐵蓋蓋之，亦宜於紅燒白煮。南方火力雖不猛而鍋薄火初生時，亦宜於炒炆諸菜其餘

用所短而多用所長耳。

練習問題

（一）何謂文火武火？

（二）文火宜於煮何種食物？

（三）武火宜於煮何種食物？

（四）北方與南方烹飪火候為何不同？

（五）使文火變為武火用何方法？

第六章　烹飪諸用具

烹飪之主要用具，爐竈鍋等是也。家常所用，至少一竈一爐，鍋則一大二小。

竈與大鍋煮飯，爐與小鍋煮菜，二小鍋一深一淺，一有耳，一有柄，深者或用鈷。

（形似熨斗而大）以為紅燒白煮各菜之用；淺者以為炒煠各菜之用。

其次則為刀砧，魚肉蔬菜各物方圓長短各式所從出也。刀不利則魚肉各

物，欲薄不能薄，欲細不能細，欲方正則不能方正。最好刀要兩柄稍鈍即磨更迭

為用。砧板宜厚而稍大，大則用力切物時，不至跳濺落地，厚則不至炸裂有縫垢

膩入其中。其餘油煠菜宜用細孔鐵漏瓢，以便所煠之物，將油滲盡炒食物宜用

鏟瓢，亦名鏟刀，（大概平者名刀凹者名瓢）以為炒物時翻覆攪動之用鏟宜

稍大以便菜熟時一氣昏起不致落鍋而焦也。

此外如盛食物之碗盤亦不可不注意也諺云「美食不如美器」謂見器之美，則菜之美者，可以愈助其美菜之不美者，亦可以稍減其不美。此正可與色惡不食爲反比例也器美者非必古窰名瓷，但整齊（如四盤四碗盤與盤大小如一碗與碗大小如一。）潔淨（謂洗滌不留油膩）完好（謂無缺裂）而已。至其大小之度宜與所盛食物爲比例，寧可碗盤大而食物少不可食物多而碗盤小。大約碗盤之容積十成菜品居其七成湯汁視菜品溢出一成，在碗盤尚留二成餘地。如此則蒸煮之菜有湯汁以養之菜不乾燥，而美味在中炒灿之菜多黃黑碧綠之色盤邊留一圍潔白餘地，倍覺其顏色相映之美譬如花然花雖好亦須枝葉扶持，乃愈見其好也。

練習問題

（一）烹飪之主要用具爲何？

（二）家常所用主要烹具至少幾件？

第六章　烹飪諸用具

職業學校教科書：烹飪法

一五

（三）刀、砧瓢鏟等物有何用處？

（四）盛食物之碗盤應擇何者為佳？

（五）何以碗盤之大小宜與所盛食物為比例？

26

第七章　烹飪與作料

油、鹽、醬、醋，為烹調必需之作料，人人盡知之矣。此外若酒，若糖，若香糟，若葱，若薑若蒜若胡椒麵，或以壓腥臊之味，或以助香烈之氣所以開人脾胃，亦不可盡無者也。然或畏辣，畏酸，畏葱蒜味太濃者，則可以斟酌而用之。惟作料南北亦略有不同，南方食豆油落花生油，北方食芝蔴油，此其大異也。作料之中，油、鹽、醬、醋、糖、酒等物價皆較貴，其賤者葱、蒜、薑、胡椒之類，但用之不可過多。鄉間農民，煮菜惟用一鹽者無論矣。若中等人家每日買菜之錢，大概十成中須二八分之八成買菜二成買作料。二成中再作十成分之，油、醬、鹽占七成，糖、酒約占二成，葱、蒜、薑、醋、胡椒占一成，糖、酒稍貴尤須節用。油、醬為不可少之物，若烹紅燒等菜則用醬油多而用油少；烹炆炒等菜則用油多而用醬油稍少。此在主烹調者斟酌配

搭耳，其詳當於後數章分述之。

練習問題

（一）作料有幾種？

（二）作料對於食物有何功用？

（三）中等人家每日買菜之錢應與作料如何分配？

（四）作料之中何者較佔多數何者較佔少數？

（五）紅燒與灺炒應用作料有何不同？

一八

第八章　烹飪與廚房

廚房為烹飪之所在，故言烹飪，卽不能離廚房而獨立。主烹飪者，於食物固求其美好矣。而廚房則任其污穢不潔是食物雖美，食之仍不免於危險也。何則？污穢之物，最易滋生微生菌傳入人體卽能致病。故廚房之清潔，實與食物至有關係，非可泛泛視之也。

欲言廚房之清潔，則一方須勤於洗滌，如烹飪器具用後，必需洗滌潔淨，勿留垢污。其他如貯藏食物與器具之橱箱，亦當常保清潔，勿使塵沙蒙披其上一方對於房間四周，亦當隨時灑掃勿留穢物。流通溝渠尤須注意凡食餘之物，或碗盤洗下之污水皆宜另置別處，勿隨意棄於溝渠之中。蓋細屑之物，不久卽能發生微生菌而蒼蠅蚊子之屬，亦隨之而起彼時蠅蚊飛入房中驅不勝驅雖欲

保清潔不可得矣。故主烹飪者於廚房之清潔，最應牢記者也。

練習問題

（一）烹飪與廚房有何關係？

（二）廚房為何應保持清潔？

（三）試述處置烹飪器具用後之方法。

（四）應如何留意廚房外之溝渠？

後編　各論

第九章　豬肉烹飪法

吾人所食肉類，大多卽爲豬肉。不論何時何地，均極易購得。蓋豬肉中富於蛋白質脂肪質及乙種維他命，皆爲吾人營養所必需者。

食豬肉又必須注意者，因肉中往往有寄生蟲與傳染病菌寄生蟲如旋毛蟲與條蟲病菌如結核病菌傳入人身爲害甚大。故凡罹病或未熟之豬肉，均不宜食以防意外。茲將各種烹飪方法，列述於後：

第一節　紅燒豬肉又名蒸肉紅燒羊肉法同

一、材料

猪肉一斤喜肥多者用背部腹部；喜瘦多者用腿部；喜帶骨者用蹄部。（鑑別法以皮薄潔白瘦肉色淡紅者爲上過紅者恐有瘀血過白者恐灌水皮厚者恐係老猪）

豆油一兩（或芝蔴油落花生油）好醬油二兩（次者三兩）糖半兩冬菰一二朵。

二、器具

海碗。

三、烹調

切法　有二種用蹄部腿部者宜四方大塊以一寸爲限用背部腹部者宜長方小塊長短以寸爲限寬窄以五分爲度。

烹法　先取油倒鍋內燒熟（俟沸後泡沫盡爲熟）取肉放油中炒之用鐵瓢不停手翻覆攪動之。約一分鐘看肉稍熟（看肉漸縮緊皮漸縮軟爲度）

取醬油倒入用鐵瓢不停手翻覆攪動之看肉塊遍著醬油色再取糖和水少許澆入用鐵瓢翻覆攪動之看肉色漸濃取開水一小碗澆入加入冬菰用鍋蓋蓋住火須退微隔三十分鐘一開蓋翻覆攪動之使在底者翻面面者翻底，加開水半小碗如是者兩次煮一百二十分鐘爛矣。

第二節　白煮豬肉 <small>白煮羊肉法略同</small>

一、材料

豬肉二斤以上，肉須稍多方有味，餘同紅燒豬肉。

鹽（每肉一斤用鹽半錢）皮香（亦名茴香每肉一斤用皮香兩三個。）

二、器具

大海碗。

三、烹調

切法　四方大塊以一寸為限，肉須大塊方有味。

烹法　用清水將肉塊洗淨，用漏瓢撈起瀝乾不潔之水另取冷水倒鍋中，每肉一斤，用水一大海碗，將洗淨瀝乾之肉放入，用稍大之火煮之湯沸時浮出許多泡沫，須用鐵瓢撈起倒去。俟數沸之後湯清無泡沫，將鹽及皮香加入，將火退微，蓋住鍋蓋煮之隔一句鐘開起一看以肉爛汁稠稍黏爲度以外肇者或加海參或加淡菜或加魷魚素者或加白菜或加小蘿蔔均屬相宜。

第二節　炒肉絲

一、材料

豬肉半斤，須用腿部肉，肥少瘦多者（喜瘦者全用瘦，喜肥者雜以三分一之肥。）

油大半兩（肉自有油，故比炒生菜油可少用。）醬油一兩酒三錢。

二、器具

大七寸盤。

三 烹調

切法（最宜注意）　取肉入清水洗淨，辨其肉紋之橫直，置砧板上斷直紋橫切爲片約厚一分零。（切不可照直紋直切，則韌而咬不斷矣。）再切爲絲，再用水洗淨瀝乾其水置鐵漏瓢中，使滴盡其餘瀝。

烹法　將油倒鍋中燒熟（驗法已見前。）取肉絲置鍋中以鏟刀翻覆攪炒之半熟，加入醬油再翻覆攪炒之，再加入酒，一俟大熟即速舀起盛於盤進食。

不可過熟過熟則韌矣。

再或加韭菜、豆芽菜，或加大頭菜絲，或加香豆腐乾絲，俱可，皆於下醬油時加入。蓋韭菜豆芽菜易熟之物，大頭菜、香豆腐乾已熟之物也。

第四節　川肉湯

一、材料

猪肉六兩宜用腿部全瘦者。如不欲全瘦，可於十成中參二成之肥。

清豆粉八錢白醬油半兩，（醬油有黑白二種白者色淡而味濃凡川湯菜品，欲其色清淡者，須用白醬油。）鮮筍片一兩，（無鮮筍時或用紫菜三錢。）葱七八分長者兩段豆苗嫩者數根（或藜少許亦名香菜又名蓲荽）

二、器具

大海碗。

三、烹調

切法　取肉洗淨瀝乾，辨其肉紋之橫直用利刀橫切爲片，以極薄如紙爲上。

將豆粉另倒一盤以肉片反覆拌之使片片皆沾薄粉。

烹法　取水一海碗倒鍋中燒沸取鮮筍片紫菜葱等物放入，再取醬油倒入攪勻俟湯百沸然後將肉片盡行倒下，用筋分撥勿使黏作一塊。再將豆苗或香菜加入卽用鏟瓢，連湯帶肉盛起，盛海碗中滴香油數點進食。

一、材料

猪肉半斤，或十二兩宜用背部腹部肥多中夾一兩屑薄薄瘦肉者。（鑑別法：皮要薄肉色要白）亦有惡肥喜瘦者則可用腿部。

醬油一兩芥末半兩，或蒜醬半兩。

二、器具

大七寸盤。

三、烹調

切法　先將肉皮切去。如半斤肉，則斷爲四大塊；十二兩肉，則斷爲六大塊，洗淨瀝乾。

烹法　放清水一碗鍋中燒之，微溫，將肉放入煮之，蓋住鍋蓋十五分鐘，開看一次，將肉翻轉。如汁稍乾，加水少許以湯足浸肉爲止。開看三次，約將近五十分鐘熟矣。煮時火須略大火微則熟慢，肉味歸於汁者多；火大則熟快，肉味歸

37

於汁者少也。

又切法　肉熟時，取放盤中少涼。一面將砧板洗刮至乾淨，將肉放上，取極利刀，（須先磨極利）辨肉紋橫直片片橫切之，以極薄似紙為佳，每片又不可太小，約須長二寸而弱寬一寸而強，片片攤排盤上可疊至兩三層，下侈上狹，略如覆碟形。其肉汁可留作他用，或以煮豆腐蛋絲湯之類。

食法　食時，先用開水泡芥末於碟子以紙封之，須臾揭起，調以醬油，沾肉食之。喜蒜醬者用蒜醬調醬油。

第六節　燒片肉

一、材料

猪肉一斤宜用腹部背部肥肉多中帶一二層薄薄瘦者肉皮須薄肉須白至要。

油一斤，醬油四兩糖二兩。

二、器具

大海碗,大盤二。

三、烹調

切法　將肉一斤平分爲八大塊切之,不去皮,洗淨瀝乾。先將醬油調糖於大碗中,將肉放醬油中漬之五分鐘,翻轉再漬,如是者三次。

烹法　將油一斤倒鍋中用大火燒到百沸,取肉放鐵絲瓢上浸油中灺之,十五分鐘提起另放一盤。(燒肉本應用燒烤器具,家常未必有,變通用此法。)

又切法　取肉置砧板上用極利刀薄薄切之,片片薄如紙爲上,鋪盤中如鋪白片肉法。惟燒片肉每片皆帶有皮,尤須利刀,由肉切到皮,皮方不脫落乃爲美觀,食時以醬油沾之。

第七節　蒸米粉肉

一、材料

猪肉十二兩，要腹部背部肥多者。

醬油二兩米粉四兩（用稻米研細粉炒熟者）荷葉數張，（鮮者爲佳，乾者亦可）酒一兩。

二、器具

大海碗，大盤。

三、烹調

切法　先取肉切片，厚一分半，寬一寸，長一寸二三分洗淨瀝乾。

調和包裹法　取醬油和酒倒大碗，將肉浸其中漬一小時，另取大盤，將米粉倒上肉片夾出放米粉上反覆拌之，令肉上遍沾米粉，要稍厚取荷葉剪爲方塊，橫直皆三寸大每塊荷葉，包肉一片，放大盤中層層疊壓中間各留小空處，以便蒸時通氣，易於爛熟。

蒸法　將盤放蒸籠內置鍋上，大火沸湯蒸之，經二小時開蒸籠蓋用箸刺肉

試之，一刺便穿透則熟矣

再尋常簡便法則不用荷葉包裹，肉片拌過米粉後，即片片帶粉鋪大海碗中，層層疊滿。有帶骨肉塊，亦可漬醬油拌粉置肉片上放蒸籠中蒸之。蒸透要食時，另取一大海碗，與肉碗對蓋，反倒過來，則帶骨肉塊在下，肉片在上帶著米粉渾如一塊絕大饅頭最爲好看。

第八節　灺排骨 醋溜附

一、材料

猪肉帶骨者十二兩。（卽猪背夾脊兩邊脅骨帶肉者。肉鋪將此骨上之肉割去，而留一層薄肉連在骨上另賣。）

油半斤醬油二兩糖半兩醋一兩豆粉一錢。

二、器具

大盤，大碗。

三、烹調

切法　將帶肉之骨直切，一條骨一塊。（此骨每條相距約半寸，中連以肉，由相連處對分切之，半連此一條骨半連彼一條骨，蓋一條骨四面皆有肉包住也。）橫切一塊六七分長。（橫切帶骨切，肉鋪多已代剁。）洗淨放大碗中將醬油及糖調勻倒入漬之，約十數分鐘。

烹法　將油倒鍋中，燒到百沸取漬透之排骨十數塊，放任漏孔鐵瓢中，連瓢浸在油中炸之。（不如是恐落鍋底易焦。）瓢須搖擺簸揚使骨反覆炸透，提起將油瀝乾倒盤中。再取十數塊照前炸之，炸畢即可進食矣。

如食醋溜則取豆粉加水兩湯匙調勻。先將鍋中炸剩之油舀去，再將已炸之排骨倒入略攪數下，即將豆粉水加入，翻攪數下，再將醋倒入再攪數下可矣。

第九節　炸肉丸清湯附

一、材料

猪肉半斤要腿部肉肥少瘦多者，油半斤，豆粉二兩醬油半兩。

二、器具

大盤、大碗、漏孔鐵瓢。

三、烹調

切法　將肉切片置砧板上，兩手持兩刀亂剁之，俟細碎如糜，留盛大碗中，取水兩湯匙和豆粉，亦倒大碗中與肉糜反覆調勻。用右手三指（中指食指拇指）撮之，捻成丸，兩手搓之，掌心須微沾清水搓時方不黏搓圓置大盤中使稍乾。

烹法　將油倒鍋中燒沸。取盤中丸，置漏孔鐵瓢中，浸入滾油中將瓢在油中，擺轉十數下，籤揚十數下，則其丸已熟，可提起倒在盤上矣。食時或乾食則稍沾醬油或放入火鍋雜入素會俱可。

再或不用油灼，則肉丸搓成時，先行蒸熟卽用美味清湯大半碗，加醬油一湯匙，倒鍋內燒滾，將肉丸放入煮之。約十數分鐘，熱透心，卽可盛在大碗進食。若再要加味，則肉切成片時用冬菰數朶蝦米一二錢切碎加入，與肉片同剁成糜。

第十節　滷豬爪

一、材料

豬爪一個。（豬蹄下半節爲豬爪，前蹄短後蹄長短者重約一斤左右長者約一斤半至一斤十二兩）

醬油六兩或半斤，（視爪之長短大小不同。）皮香一錢糖半兩。

二、器具

大盤大碗。

三、烹調

切法　猪爪骨堅南方肉鋪已代剁作兩爿，北方不剁買時可令代剁直分作兩爿，橫斷一寸左右長洗淨如有未盡之毛鑷盡再洗。

烹法　放水一大海碗於鍋中燒熱，將爪放下用稍大火煮之，不蓋鍋蓋看稍熟，將醬油糖及虎香下入用鏟刀撥齊，使猪爪浸在汁中乃蓋鍋蓋，火退稍微。隔三十分鐘開看一次汁稍乾則加水，使足以浸及猪爪為度百二十分鐘熟，盛起，排大盤中使乾爛熟而帶堅凝其汁另盛一碗。食時如嫌太大可分一塊為兩塊。

練習問題

（一）猪肉中有何種營養成分？

（二）猪肉之優劣用何法鑑別之？

（三）紅燒猪肉與白煮猪肉烹法有何不同？

（四）肉絲應用何種方法切成之？

（五）試述川肉湯之烹法。

（六）煮白片肉之火候應如何？

（七）燒片肉應預備何種材料？

（八）試述蒸米粉肉之調和包裹法。

（九）炆排骨與醋溜排骨烹法有何不同？

（十）試述肉丸的切法。

（十一）豬爪以何種烹法爲最宜？

第十章　豬雜件烹飪法

豬類除其肌肉可供食外，其中臟腑大多亦爲甚佳之食物，卽俗所稱爲雜件者是。臟腑之性質與肌肉相埒，而其甲乙二種維他命之成分較肌肉爲尤多，故於吾人之營養皆有關係。茲將通常烹飪方法，分述於後：

第一節　蒸肚塊

一、材料

豬肚一個。

醬油一兩油一兩鹽一兩。

二、器具

大海碗中號鉢剪刀。

三、烹調

洗法　猪肚外面帶油裏面有膍（音聊，）似油非油，至爲腌臢肉舖賣肚時，因洗除肚裏腌臢之物已將裏面翻作外面洗時須用豆油（或芝蔴油落花生油）及鹽，滿塗外面揉而漬之，如以肥皂澣衣然。搓洗許久用水漂淨再用前法至嗅之毫無氣味爲止乃翻洗裏面抓去拖黏之油再洗一遍淨矣。

切法　每塊切作骨牌式，長八分寬五分。

烹法　放清水一大碗，將肚放下俟湯沸流出泡沫，用鑝瓢將泡沫撈起倒去。蓋住鍋蓋用稍微火煮之須二小時乃熟（肚煮不爛固不可食太爛則出油有油味亦不可口。）

又烹法　全肚裏外兩面洗淨不切塊，整個放在中號瓦鉢內置鍋中蓋住鍋蓋，用大火蒸之，其加水方法及蒸熟鐘點同白炖雞。蒸熟用乾淨剪刀剪爲骨牌塊，大小如前式沾醬油食之。有加干貝海參蟶乾淡菜之類蒸者味更佳。

一、材料

猪腰一副。（若用羊腰須二副。）

油半兩醬油半兩糖二錢清粉一錢蔥一根，木耳三錢。

二、器具

大七寸盤。

三、烹調

切法　未炒之前數小時，（能前五六小時為佳，一二小時亦可。）將一副兩隻猪腰，劈開分為四塊每塊裏面凹處堅韌之肉，如瓜瓤作白色者刳去用利刀就皮面刲作交叉斜紋深一分每紋相隔二分放清水中浸之，使流去血水。經一小時換水一次將炒時取出瀝去水橫切之每塊寬三分長與厚如其本來之度約長一寸厚三四分。

烹法 將油倒鍋中燒熟取葱一根，切數段每段以寸爲度，先放油中炒之，隨將腰花幷木耳倒入以鏟刀略炒數下卽將醬油糖、清粉三件調和倒入，再炒數下速取起盛於盤進食不可稍緩其木耳須先一小時洗淨用湯泡軟醬油、糖、清粉三件亦須預先調和以待用。

第三節　炒猪肝 炒羊肝略同

一、材料

猪肝半斤鑑別法：猪肝有鐵肝、粉肝兩種，粉肝好鐵肝不好；粉肝質鬆輭利於炒鐵肝質堅硬不利於炒也色深紫近黑者爲鐵肝色淺淡者爲粉肝。

油一兩醬油半兩醋三錢糖三錢豆粉半錢葱三寸、木耳三錢。

二、器具

大盤大碗小碗。

三、烹調

切法　將肝用清水洗淨，用溫湯一沃急取起，以去其濁味瀝乾，放清水中浸之約一二小時取出切片厚一分寬五分長一寸放大碗中。

烹法　倒油鍋中燒沸取切片之肝倒入用鏟刀翻覆炒之數下後急取醬油和糖沃入再取清水半小碗沃入再取葱及木耳加入急用鏟刀連連翻覆炒之數下後急取醋和豆粉沃入再炒數下卽可盛入盤中矣葱須先切一寸長，木耳須先撕碎用湯泡醬油與糖豆粉與醋均須先調利各放小碗中。

第四節　炒豬小腸

一、材料

猪小腸半斤。

油一兩半醬油半兩糖一錢鹽半兩綠豆芽菜四兩葱一寸長者兩三管或韭菜數根（不用亦可）。

二、器具

大盤，剪刀。

三、烹調

洗法　猪腸外面帶油，一洗便淨；裏面稍腌膩，須將小腸頭用線結住，用筋頂著，將腸裏面慢慢反套出來，使裏面翻在外面用油及鹽照洗猪肚法搓洗之。

洗一道漂水一道，以乾淨至無氣味爲度。

切法　用剪刀將腸剪開裏外再洗一次切爲塊長七八分。

烹法　將油倒鍋中用至猛烈之火燒到百沸。將腸倒下用鏟刀急急攪炒之，隨將綠豆芽及葱（或韭菜）倒入又將醬油調糖倒入再炒十數下卽熟矣。

熟時急用鏟瓢舀盛盤上急進食乃脆；遲則韌矣。

第五節　會猪大腸㸌大腸附

一、材料

猪大腸一斤。

小蘿蔔半斤，（或小芋，）鹽半錢。

二、器具

剪刀，大海碗。

三、烹調

洗法　猪大腸亦外面帶油，裏面有膋（音聊，）似油非油，至爲腌臢。亦須將外面之油先洗乾淨勿割去，然後將腸頭用線結住用筯頂著結處將大腸裏面反套過來使裏面翻作外面用油及鹽揉搓洗之揉一道水漂一道使腌臢之膋盡去試嗅之毫無氣味。

切法　用剪刀剪開攤平寬約一寸餘，再分剪爲兩條寬約六七分切爲骨牌塊長八九分再用水洗淨。

烹法　放水一大碗於鍋中將大腸倒下，用稍大火煮。俟沸出泡沫用鏈瓢撈起倒去，然後加入小芋小蘿蔔之類。（須先刮去外皮洗淨切成半圓小塊，加

鹽，蓋住鍋蓋煮一小時爛矣。）

又㸑食則洗淨後不剪開將裏面帶油者，用筯翻出再洗節節切爲八分長用

油四兩倒鍋中，燒沸，取大腸放入㸑之用鐵絲瓢撈起瀝乾倒盤中用花椒末

炒鹽沾食。

第六節　會猪腦 會羊腦炒羊腦猪腦附

一、材料

猪腦一副。

醬油大半兩金針菜一兩木耳五錢冬菰半兩。

二、器具

海碗。

三、烹調

挑淨法　先將全副腦兩塊，浸在清水中。漬透後腦面有一層薄膜蒙著腦紋

凹進處，有紅絡纏住用小竹籤（尖細如錐長兩三寸）將膜與絡輕輕挑去，務使淨盡，勿觸破其腦。再放水中漂淨瀝乾。

切法　切爲小長方塊長八分寬五分。

烹法　放清水一小碗鍋中先將金針菜切爲一寸長木耳一朶撕爲兩三塊，冬菰切絲寬與金針菜相等，放小碗中用水泡透並醬油放入鍋中煮之俟其出味，然後將腦倒入用鏟刀輕輕撥勻，浸在湯中蓋住鍋蓋用不大不小火煮十分鐘開蓋用鏟刀輕輕翻轉如前法再煮十分鐘，可以盛入碗中矣。

再會羊腦亦照上辦法炒猪腦羊腦，挑淨法切法如前炒法同炒腰花。

第七節　滷猪舌

一、材料

猪舌一個。

好醬油四兩皮香半錢。

二、器具

大海碗，七寸盤。

三、烹調

洗法　猪舌頭有連帶骨肉，不甚清楚，然亦可食須洗刷乾淨猪舌上，有似苔似膜一層尤須洗刷乾淨用開水倒鉢中將猪舌放入一燙卽可脫淨矣。

切法　一舌切爲三段。

烹法　放水一大碗於鍋中，將猪舌放下，用稍大之火煮之半熟，卽取起猪舌，將鍋中之湯倒去另放淸水半碗燒熱，再將猪舌放下火退稍微沃醬油加皮香，使水與醬油略足浸過大半其高約居猪舌十分之六七。（蓋水少防乾，水多恐無味）蓋住鍋蓋，隔十五分鐘一開看，防其汁乾稍乾，則水加及原汁之多而止並將猪舌翻轉一面，漬在汁中翻轉三次，約一小時熟矣。

又切法　猪舌滷熟後，卽浸汁中食時取出側刀切薄片如切藕片然，厚一分。

續習問題

（一）豬雜件營養之功效如何？

（二）試述豬肚之洗法。

（三）試述炒腰花之烹法。

（四）豬肝有幾種並述其鑑別法。

（五）豬大小腸之洗法如何？

（六）試述豬腦之挑淨法。

（七）會豬腦如何烹法？

（八）滷豬舌如何烹法？

第十一章 羊肉烹飪法

羊肉之性質與豬肉同，亦多含蛋白質與脂肪質。此種獸類雖亦為家畜之一種，但四季不常食大率因羊肉之性苦甘大熱，故以冬季食之為宜，有火症者亦不宜食。羊又有黑羊白頭及獨角四角者，均有毒食之能生癰是不可不注意也茲將羊肉各種烹飪法擇要分述於後：

第一節 炒羊肉絲

一、材料

羊肉半斤，須用腿部肉，肥少瘦多者。

豆油或芝麻油大半兩醬油一兩葱多少隨意（北人喜食葱，南人有不食葱者可用少許以壓羶味）酒三錢。

二、器具

大七寸盤。

三、烹調

切法　同炒肉絲法。惟羊肉尤韌於豬肉，色亦較濃於豬肉，切成絲後，須放清水中浸之。將炒時，再用清豆粉拌而略揉之。

烹法　將油倒鍋中燒熟（驗法見前）先取葱絲，放油中炒之，隨將羊肉絲倒入以鏟刀反覆攪炒之半熟加入醬油再反覆攪炒之再加入酒餘同炒肉絲法。

再或加白菜絲，或加蒿菜，皆切成一寸之長，與羊肉同時倒入。

第二節　會羊頭

一、材料

羊頭一個羊鋪已將頭劈開，取去羊腦，洗刮乾淨。

醬油一兩醋一兩胡椒麵三分。

二、器具

大海碗鑷子大盤。

三、烹調

切法　將羊頭用鑷子鑷去未盡細毛，洗淨，放大盤中蒸熟取出剔去一切之骨剝下帶薄薄一層肉之皮切爲小方塊橫直約三四分大並兩耳上下齶皆照切。

烹法　下水一大海碗於鍋中燒熱將細塊之肉倒入用稍微之火煮之隔三十分鐘開看一次湯乾則加水以浸過肉一寸爲度約九十分鐘可熟試取一塊嘗之以驗熟否以羊肉有老嫩之不同也再煮少頃撒胡椒進食食時加醬油加醋。

又羊頭一個若加以鮮筍及蒲之類則切爲細釘橫直二三分大與羊頭肉同

心一堂　飲食文化經典文庫

時下鍋用鏟刀攪勻熟時可盛兩大海碗

第二節　會羊肚絲

一、材料

羊肚一隻。

白醬油一兩醋二兩胡椒麵三分。

二、器具

海碗，大鉢。

三、烹調

洗法　羊肚外面有油，同豬肚裏面有薄膜一重，似青苔生於斑剝古石之上。羊鋪賣羊肚，因洗淨肚中腌臢之物，已將肚之裏面，翻在外面。須燒開水大半鍋，開後倒大鉢中，將羊肚放入湯中周轉一燙，提起用手撩去似苔非苔之薄膜，露出潔白之色惟其紋理，仍淺凹如臉上大麻耳，此面洗淨，再將另一面翻

出，抓去黏著油皮，如猪肚油者，再行洗淨。

切法　放砧板上切之，先斷爲橫塊長一寸餘；然後切絲，寬一二分之間。

烹法　放清水，（若另有美味清湯更好）兩海碗於鍋中，卽將肚絲下入，俟湯燒沸滾出泡沫用鏟瓢撈起棄去。蓋住鍋蓋煮之，須七十分鐘熟矣將熟時，加入白醬油攪勻再加入醋進食時撒下胡椒麵。

再若食羊肚片則切之長如肚絲寬六七分。煮時須加多二十分鐘。大約一羊肚帶湯可煮兩大海碗分兩頓食有餘。

第四節　羊血羹

一、材料

羊血四兩殺羊時血流鉢中，以湯沃之，卽結成塊。

雞蛋或鴨蛋一個醬油半兩醋一兩胡椒麵二分，鮮筍四兩（或蒲與茭白俱可，無時則不用。）

二、器具

大海碗。

三、烹調

切法　將羊血用薄刀切絲，長一寸，寬二三分之間，厚如之。將鮮筍（或蒲或茭白）殼剝盡近根處去粗留嫩，先切片，再切絲，長亦一寸，寬只可一分。

烹法　先將蛋打破，黃白均倒碗中用筯夾為數塊。參入清水半碗，用筯帶蛋連水狠打一二百下。然後放清水大半碗於鍋中（有美味湯汁更好）將筍絲倒下，先煮熟。加入醬油，然後將羊血絲倒入用筯輕輕攪勻，勿使碎斷。再將蛋水回環沃入，再將醋沃入，將筯再為攪勻，少頃已熟用大鐽瓢盛入大海碗，撒上胡椒麵。

再如無筍蒲茭白各絲，則將蛋打破攪勻，倒碗中蒸熟，取出切為細絲，長短大小如羊血與羊血同下水中煮之，然後加醬油等物。

第五節　羊羔

一、材料

羊一二斤俱可，山羊爲上綿羊爲次。山羊帶皮食，綿羊剝去皮。北方多綿羊，南方多山羊作羊羔，羊羔皮尤可口也。

花椒半錢醬油。

二、器具

中號鉢，七寸盤。

三、烹調

切法　羊羔以腿部爲上腹部次之背部又次之，總以有肉無骨爲主有骨者亦去骨留肉切成方塊約直二寸橫寸餘。

烹法　此品南方宜於冷天有冰夏日亦可成北方宜夏日冰多價賤也下水半鍋，將羊肉放入大火煮之以肉熟稍爛爲度汁不宜過多過少以僅足浸到

肉爲度煮熟倒鉢中撥半使肉浸汁中冷天聽其自凝成冰（南方呼爲凍）

夏日以鉢置冰上、亦易成凍食時隨取兩三塊切爲片置七寸盤中以湯匙取

結凍之汁倒肉上沾醬油帶凍食之。

練習問題

（一）羊肉對於吾人之營養如何？

（二）炒羊肉絲應備何種材料？

（三）會羊頭如何烹法？

（四）試述羊肚的洗法。

（五）試述羊血羹之材料及切法。

（六）羊羔如何烹法？

職業學校教科書：烹飪法

第十二章 雞類烹飪法

雞為最普通之家禽，各地皆有之，其成分亦以蛋白質為較多，脂肪質則次之。且易於消化不易腐敗，極少傳染病菌，故可安心食之。

雞除肉及雜件可食外，尚有雞卵，亦為吾人所常食，且其滋養力亦甚大。惟雞卵必須煮至半熟，方易消化；否則過熟堅硬，即難以消化矣。是於烹飪之時不可不注意也。茲將雞肉之各種烹飪法，分述於後，至雞卵之烹飪法，將在下章與鴨卵並述之。

第一節 紅燒雞

一、材料

雞一隻，重一斤餘，至二斤。（太小有腥味，太大肉粗。）

油一兩好醬油一兩半糖半兩薑兩薄片

二、器具

海碗大鉢。

三、烹調

割法　將雞撮去頸前喉部間細毛用刀割之，斷其喉管將血流盡，承在碗中。

先放水鍋中燒沸，倒大鉢中將已割之雞放在湯中周轉漬透卽提起。（將提起時試拔雞毛若順手脫落卽不要再漬恐傷爛雞皮；若尚難脫落則再漬少頃。）將毛拔盡放水中洗淨，將腹剖開，取出腹中肝、肺、心、腸等物，再洗淨腹中之血。

切法　帶骨切塊長六七分，寬如之。

烹法　將油倒鍋中燒熟，將雞倒下用鏟刀翻覆炒之，看油將收乾，取醬油和糖倒入，再用鏟刀連連翻覆炒之約數十下，看醬油又將收乾，取清水一小碗

67

沃入加上薑片，將雞撥平使盡漬湯中。蓋住鍋蓋煮之，半點鐘開蓋一次，加開水半小碗用鏟刀將雞翻轉撥平。再蓋住鍋蓋煮半點鐘熟矣。如雞稍老，則須多煮半點鐘多加水一次。

第二節　白炖雞 白炖鴨法略同

一、材料

雞一隻重一斤餘，不可再重（鑑別法：白炖非嫩雞不可，故以一斤餘爲限。凡雞足有四指向前一指向後，向後一指之上有一小距似指非指雞老者長三四分次者長一二分嫩者無之以此爲驗）

二、器具

大碗中號鉢。

三、烹調

酒四兩薑一片糖三錢。

割法　同紅燒雞惟整個不切。

烹法　將雞洗淨整個不切，放中號瓦缽中將頭頸跪在膀下，下水一小碗，並酒糟薑一概加入用紙一大張，兩重蓋住缽口用乾淨糊將紙封貼於周圍缽邊，不留縫。將此缽安放鍋中，下水半鍋，以及缽大半爲度。上蓋鍋蓋用大火蒸之，隔一刻鐘提開水壺，由鍋邊加入開水一次，勿使湯乾，仍以浸缽大半爲度。須一百二十分鐘熟矣。

食法　將缽提起卽帶缽進食。將紙揭去、用筯刺取之，雞已稀爛，湯尤佳。若家常分兩頓食將湯先倒兩大碗，取雞另放一碗，將其皮肉盡行撕下分漬兩碗湯中可也。

第三節　白切雞

一、材料

雞一隻，重二斤餘。（鑑別法已詳白炖雞下。）

醬油一兩芥末八錢。

二、器具

大盤。

三、烹調

割法　已詳紅燒雞下。

切法　雞殺後洗淨切爲五塊頭與頸爲一塊，雞身劈分兩邊，又各斷爲兩段，共五塊。

烹法　下清水一大碗於鍋中燒沸，將雞放下。大火煮半點鐘取起。辨雞肉直紋橫切之，寬一寸長半寸，盛於盤。雞汁可作他用。此爲最簡易法但雞味稍落湯中耳。

又烹法　將雞五塊排大海碗中不下水放蒸籠中蒸之。（簡易法即將碗放鍋中蒸之。或飯甑寬即將碗放甑中飯面蒸之。）二小時取起，如前法切之。大約

一隻雞可分切兩盤盛時頭頸及腳置盤底背部放盤邊腹部腿部排盤中上面食時沾芥末醬油（已詳白片肉下。）

第四節　炒雞絲

一、材料

雞一隻，重一斤餘（鑑別法已詳白炖雞下。）

豬油一兩半，白醬油半兩筍半斤或綠豆芽菜四兩葱一寸者兩段，豆粉三錢。

二、器具

大七寸盤大海碗。

三、烹調

割法　已詳紅燒雞下。

切法　專取腹部胸膛之肉將皮剝去油刮盡肉放大海碗中滿盛清水浸之，須三小時以上取出瀝乾放砧板上用利刀視其肉直紋細細橫切爲絲每絲

寬只可一分餘，一面將豆粉薄薄攤大盤上取雞絲輕輕拌之。

烹法　將豬油倒鍋中燒沸，將雞絲倒下，急以鏟刀連連攪炒之須分撥其絲，各自離開，勿使黏在一塊。隨取白醬油倒入葱加入再攪炒十數下，卽熟矣。

再若單純雞絲，則如以上炒法，一隻雞不過炒一盤。若加筍絲或豆芽菜，則可分作兩盤豬油須照加。筍須先切為絲，豆芽菜須先摘去頭尾以待或少加薑絲畏辣者可不用。

第五節　溜炒雞

一、材料

雞一隻，重一斤餘。

油四兩醬油一兩醋二兩，豆粉五錢葱一寸者三條，糖八錢。

二、器具

大海碗，大碗。

三烹調

割法　已屢詳。

切法　上一節炒雞絲所餘之雞，（炒雞絲只用一胸膛之肉）有頭，有頸，有兩翼兩腿有背部皆可切爲小方塊橫直皆半寸以醬油和糖放大海碗中浸之只須一小時略使透味。

烹法　將油倒鍋中燒到百沸。將雞放油中氽之，使極酥勿焦爲度用鐵絲瓢撈起瀝乾。一面將鍋中餘油舀去另倒一碗，再將雞下鍋取海碗中浸雞所餘之醬油糖倒入葱亦加入用鏟刀攪動數下。再將豆粉調醋沃入，再攪數下可以盛入大碗矣。

又一法：切爲小方塊後，不浸醬油糖中，將雞薄薄拌了豆粉放滾油中氽之。撈起舀去餘油，再倒鍋中乃取醬油調糖沃入攪炒十數下，再將豆粉調醋沃入，餘同。

練習問題

（一）雞肉對於吾人有何功益？

（二）雞之割法如何？

（三）嫩雞用何法鑑別之？

（四）試述白切雞之烹法。

（五）炒雞絲切法如何？

（六）溜灼雞應備何種材料？

第十三章　鴨類烹飪法

鴨亦爲家畜之一種，然因性喜水，故山僻之處不常有。雄者頭綠文翅，雌者黃斑色亦有純黑純白者以白者爲最良其肉富滋養力不亞於雞肉蛋白質與脂肪質均有之。

鴨之卵，亦爲吾人日常食物之一其價值與雞卵相等且鴨卵較雞卵爲大，故通常人家多購食鴨卵。茲將鴨類普通烹飪法及雞鴨卵之烹飪法合併分說於後：

第一節　紅燒鴨

一、材料

鴨一隻，重約在二三斤之間。（太小有腥味過大則餂鴨，油太厚，價太貴非家

（常飯菜所宜。）

油一兩半好醬油二兩糖一兩薑二片。

二、器具

大海碗，大鉢。

三、烹調

切法　殺鴨法同殺雞惟將殺時，須將鴨嘴撐開，取燒酒一匙倒入，令呷下，殺後毛乃易拔。旣殺燒開水倒入大鉢中，將鴨放入周轉燙一過，將毛拔去亦同於雞。惟鴨毛雖拔盡往往有短小毛管作黑色，尚插皮中，須用鑷子鑷去之。旣盡，淨洗一道，切爲方塊橫直皆七八分。

烹法　倒油鍋中燒熟，將鴨倒入炒之，略熟（以血水乾鴨肉上不帶血爲度），將醬油調糖及薑片，加入再翻覆攪炒二三十下。看油及醬油皆被鴨肉收乾，然後加水一大碗，使浸到鴨肉大半，蓋鍋蓋煮之隔三十分鐘開看一次，汁稍

烹飪法

六六

心一堂　飲食文化經典文庫

乾加水以初炙水浸鴨肉之高低爲度。約二小時熟矣。

再或加栗子或加鮮筍或加香豆乾皆於下醬油時加入。

第二節　燒片鴨　亦名爛駁鴨生駁鴨附

一、材料

鴨一隻中等大者約重二三斤之間。

油四兩好醬油二兩糖一兩。

二、器具

大海碗大盤。

三、烹調

切法　殺法已見前。洗淨後，將鴨切爲五大塊，分頭部與兩翼兩腿爲五部。放水一海碗鍋中燒開，將鴨倒入煮熟以指甲搯之，可搯得斷爲熟先將醬油調糖倒大海碗取已熟之鴨浸其中隔數分鐘翻轉漬之經一小時可矣鴨汁可

作他用。

烹法　將油倒鍋中，燒沸，取鴨放入灺之，灺熟以鐵絲瓢撈起，瀝乾其油，然後帶皮切片，厚三分寬一寸餘。

再如食生駁則殺畢洗淨，切爲五大塊，放醬油糖中，翻覆漬透，卽下沸油中灺之，熟後切片如前法。

又一法：不切五大塊，切爲小方塊，約七八分大，漬和糖醬油中，透味，卽下沸油中灺之。

第三節　炒鴨雜　炒雞雜附

一、材料

鴨雜一副。（卽鴨肝�及腸，或加血。如較多可不加血。雞雜同。）

鮮筍片二兩，（荸薺亦可，無則木耳亦可。）油八錢醬油半兩糖三錢，醋半兩，

葱一寸長者三節。

二、器具

大盤剪刀。

三、烹調

切法　肫洗淨，切片，厚一二分之間腸須用剪刀剪開，洗淨，切爲長六七分之間。肟外有薄膜，須用刀輕輕刮去。內有皮名爲衣，外有膜名內金。膁之物如土沙然，須用刀剖開，將其中腌膁之物抉去一層，內金再將衣輕輕削去，只留肟肉，側刀切片薄一分，則炒時格外脆嫩。（尋常多不去衣，但嫩脆處爲粗硬處所掩耳，不去衣，則每塊須切三四分寬，刲交叉斜紋，詳炒腰花下。）

烹法　將油倒鍋中燒沸，取鴨雜倒入，用鏟刀炒之。鮮筍片（或他物）隨倒入，急急同爲攪炒，醬油和糖及蔥亦下入。再炒數下，醋又沃入，卽可盛起矣。

如加血，則血以開水沃熟，卽可切爲長細塊，長六七分寬三四分厚一二分，於

下筍片時下入。

第四節　炖鴨蛋炖雞蛋附

一、材料

鴨蛋一個雞蛋同。

醬油一錢猪油一錢。

二、器具

大碗海碗。

三、烹調

調法　將蛋壳打破，黃白皆盛海碗中，用筯將蛋夾爲數塊，帶挑帶打數十下。

取開水半小碗冷之，然後參入。（用開水則蒸時可開看熟未，未熟再蒸可熟。

用冷水調則一開看，再蒸不熟矣。）用筯狠打數十下使蛋白蛋黃與水渾融

一色，再將猪油及醬油加入，再攪打數十下使之渾融。

烹法　雞蛋用大碗鴨蛋則用海碗，將已攪打之蛋倒入。如不畏葱味，則加葱珠數點，以壓腥味。一面放水鍋中燒熱將碗放入火不可大蒸十五分鐘以上，二十分鐘以下熟矣。如家常放飯甑中蒸之，則俟飯蒸將熟時將飯當中稍撥開，將蛋碗坐入，亦只須二十分鐘以下十五分鐘以上飯熟蛋亦熟矣。蛋未熟則太生如乳如泔固不可食太熟則如棉花亦不可食。

蒸蛋或加干貝，或加蝦米俱可。

第五節　炒鴨蛋炒雞蛋溜黃菜附

一、材料

鴨蛋兩個，雞蛋則三個。

油一兩醬油一湯匙酒半兩或加葱珠少許畏葱味者不用。

二、器具

七寸盤。

三、烹調

調法　將蛋打破，倒大碗中，參清水一酒杯，用筋攪打數十下。將醬油倒入，再攪打數十下。

烹法　將油倒鍋中燒熟，然後將蛋倒入油當中炒之。此有兩種炒法，如要炒成整塊者，則用鏟刀攪之，一面炒，一面將蛋按半略如薄薄蒸餅然。如要炒成稀爛者，則用筋急急攪炒之，使不整塊，將熟取酒加入。

再如作溜黃菜，則不用蛋白專用蛋黃。每一蛋參水一湯匙，狠狠攪打數百下。

每一蛋須用豬油一兩，先倒鍋中燒滾，將蛋倒入，急急不停手攪炒之，務使蛋與油勻和，如醬無絲毫拖黏之處爲要。

第六節　蛋絲湯

一、材料

鴨蛋或雞蛋一個。

猪油（北邊名葷油）已煎熟者小牛湯匙（約重一錢，）醬油一湯匙，（約重三錢，）醋半兩紫菜二錢胡椒麵一分。

二、器具

大海碗。

三、烹調

調法　先將紫菜撕碎，另放一處。取蛋打破壳倒碗中，勿使蛋膜及破碎蛋壳落入用筯將蛋夾爲數塊帶挑帶打數十下蛋白蛋黃渾融一色再收清水大半小碗參入用筯狠打一二百下，使蛋與水渾融一色。

烹法　鍋中下清水大半碗，將猪油、醬油紫菜下入燒到初開，急收筯一條，放在盛蛋之碗上露出筯末一寸於碗外，隨將筯緊緊按住將碗中之蛋由筯末慢慢瀉向鍋中周圍數轉蛋瀉盡急用筯左旋，隨攪隨揚之則蛋細如絲，無黏皮結塊之病最後將醋加入用鏟瓢再攪數下舀盛碗中然後糁以胡椒麵再

如有美味清湯，則鍋中無需更下清水，猪油亦可不下。又或用梅乾菜、醃菜心之類，細碎切之，以代紫菜尤佳。

練習問題

（一）鴨對於吾人之營養如何？

（二）殺鴨法與殺雞法有何不同？

（三）試述燒片鴨之切法。

（四）炒鴨雜應備何種材料？

（五）炖鴨蛋如何調法？

（六）試述炒鴨蛋之烹法。

（七）如無美味清湯，蛋絲湯如何烹法？

第十四章　魚類烹飪法

魚類亦為吾人日常所食之食物。其中又可分為淡水魚與鹹水魚兩種。淡水魚產生於河川湖沼中，如鰱鯉鯿鰍鯽等皆是。鹹水魚則產生於海中，如黃魚、鯊魚帶魚之類是。故近海者得多食鹹水魚，而內地則常食淡水魚。

魚類亦富於蛋白質與脂肪質。且易於消化為病人、老人、小兒最佳之食物。

惟魚類水分較多，易於腐敗，亦能發生毒素，食之有害。如皮膚發疹等其本身亦含有毒素者，如河豚之類，食時更不可不慎也。茲將通常魚類烹飪方法，分說於後：

第一節　溜黃魚

一、材料

黃魚一頭重約一斤。（鑑別法：將頭部之鰓骨掀開，視其內之鰓似鋸齒者，血

色鮮明，又兩眼珠透亮，不陷入者為不腐敗之徵。）

油半斤醬油二兩糖七錢醋二兩酒半兩蔥一根生薑一大片冬菰二朵。

二、器具

大盤。

三、烹調

切法　用刀從魚尾逆上刮去兩面之鱗，用清水洗淨。然後剖腹，上及頭部，至

魚口下頦而止。先看膽之所在不可觸破（破則全魚盡苦）輕輕用手抉之。

並其肚腸一切，向外抽去再抉去其兩鰓內之鰓。入清水洗其腹中鰓中之血，

須換水兩次務使洗淨為要。洗畢瀝乾置砧板上用刀將背部肉厚處刲為斜

紋小方塊使易入味次將蔥斷為寸長生薑切為碎末冬菰切為絲寬一二分，

以待用。

烹法　倒油鍋中燒沸，取魚置鐵絲瓢上放油中炸之。俟魚皮變褐色取出用鐵瓢舀去鍋中餘油。復將魚入鍋先下醬油次入葱薑末冬菰絲又次入酒又次入水牛小碗煮之。俟其沸再加醋與糖，將魚兩面翻轉溜之各三分鐘用鏟瓢取放盤中並煮魚作料及汁舀起汁倒盤底作料放魚身上面。

第二節　炒黃魚片 炒鏈魚片同

一、材料

黃魚一頭，重一斤。

油二兩醬油一兩糖半兩葱一根木耳三錢筍片二兩。

二、器具

大盤。

三、烹調

切法　將魚剖洗乾淨，（法已詳溜黃魚下，）刮去魚皮，剔去魚骨斷去魚頭

職業學校教科書：烹飪法

尾，專取魚肉側刀橫切爲片，一片約二指大一小指長二分餘厚將豆粉和水，薄薄拌之。

烹法　炒魚片有二法：一法將油（油須半斤）倒鍋中燒沸，將魚片放入灺透，用鐵絲瓢撈起瀝乾。將鍋中之油倒去，再將魚倒鍋中，立將醬油調糖加入，用鏟刀反覆炒之，須輕手勿使魚碎。再加葱，加木耳加筍片炒熟盛起。一法將油（止須二兩）倒鍋中燒熟卽將魚片及葱與木耳筍片同倒下用鏟刀反覆炒之使魚片與諸物均沾到油在半熟半不熟之間然後將醬油調糖倒入。再用鏟刀輕輕反覆炒之勿使魚碎熟則盛起。

第三節　川湯魚片

一、材料

魚一頭重一斤。

醬油半兩豆粉一兩葱一根筍二兩香蔴油半錢胡椒麵一分。

二、器具

大海碗。

三、烹調

切法　將魚剖洗乾淨（法已詳溜黃魚下）剔去魚骨，不刮去魚皮斷去魚頭留住魚尾切成兩指大一指長半指厚，將豆粉和水拌之。

烹法　此川湯有兩法：一法先將醬油和糖，取魚片浸之·浸十數分鐘夾起拌以豆粉。一法鍋中放清水一大碗，燒到初沸，將魚片放下，加葱加筍片約一分鐘已熟，盛以大海碗，下香廑油，加胡椒麵。一法鍋中放水一大碗，燒到初沸取已拌豆粉之魚片放入卽加醬油（只可二錢）加葱，加筍片煮一分鐘餘同。

第四節　瓜棗黃魚亦名黃瓜魚名棗以其形似棗也

一、材料

黃魚一頭，重一斤。

油半斤豆粉三兩發料半兩。

二、器具

大盤。

三、烹調

切法　將魚剖洗乾淨，（已詳溜黃魚下，）刮去魚皮，剔去骨斷去魚頭魚尾，專取魚肉稍厚者切成小方塊橫直皆半寸。

調法　先將豆粉與發料用溫水（不熱不冷者）和之，放竈邊微溫處（不可過熱）約數小時，使豆粉醱酵然後取所切之魚反覆拌之。

烹法　將油倒鍋中燒沸，一手取鐵絲瓢，一手用筯將已拌之魚一塊一塊夾放瓢中。放到十塊左右將鐵絲瓢浸入滾油在油中連擺八九下則魚塊上所拌之粉即作黃色放起泡來如一層薄皮離魚塊而腫起其魚已熟提起瓢將油瀝乾，將魚倒在盤上再如前法炸之三數次卽炸完矣。

心一堂　飲食文化經典文庫

第五節　炽鱖魚炽鯽魚炽鯶魚同

一、材料

鱖魚一尾。（鱖魚大者數斤，小者數兩今以一斤為率。）

油一斤鹽一兩花椒三錢。

二、器具

大盤。

三、烹調

切法　將魚兩面細鱗，用刀刮盡，用清水洗淨。然後將腹中腸肚一切抉去，再用水洗淨，將魚放砧板上用刀向兩邊背部肉厚處，刌為斜紋小方塊以方五六分為度。

烹法　將油倒鍋中燒滾，取魚放鐵絲瓢上下油中炽之。見魚皮變灰褐色，將鐵絲瓢提起，將魚翻轉一面下油中再炽。看魚色變黃則熟矣。如看不準，取小

籤，（或銀或鐵或竹，俱可。）向魚肉刺之若一刺便入則熟，若肉韌難入，則尚未熟。熟時將油瀝乾置大盤。

食法　先將花椒利鹽炒酥用碾棍碾爲細末，盛碟子上用筯將魚刺爲小塊，夾沾花椒鹽食之。

第六節　白炖鯿魚清蒸鯉魚鯽魚附

一、材料

鯿魚一頭，重一斤，或十二兩。

猪肉半兩醬油三錢糖四錢蝦米一錢冬菰二朵蔥一根。

二、器具

大海碗，大冰盤。

三、烹調

切法　用刀將兩邊魚鱗刮盡然後剖腹去鰓，（法詳溜黃魚下。）洗淨將魚

整個放大海碗或大冰盤中下清水一碗以浸到魚身爲度然後將糖調醬油加入水中豬肉肥者切薄片如紙貼魚身上排上冬菰撒上蝦米葱切一寸長，皆放在魚身上。

烹法　放水大半鍋燒沸，將蒸籠安上將魚盤或魚碗，安放蒸籠當中，蓋住蒸籠之蓋。鍋下用大火蒸之，則三十分鐘可熟，火不甚大則須四十分鐘，熟時加酒半兩沃之。

清蒸鯉魚法同。

清蒸鯽魚法同。惟可加雞蛋白作底蒸之名芙蓉鯽魚。

第七節　紅燒鯽魚 醋溜鯉魚附

一、材料

鯽魚重約半斤或十二兩，（大則一頭，次則二頭，又次則三頭。）油四兩醬油一兩糖三錢葱一根冬菰二三朵。

二、器具

大盤。

三、烹調

切法　將魚剖洗乾淨，（法已詳溜黃魚下。）放砧板上，用刀橫劃魚身兩面，深三分，每刀相隔三四分。

烹法　將油倒鍋中燒沸，將魚次第放入，灺酥，用鐵絲瓢撈起。將鍋中餘油倒去留少許，再將魚放鍋中，取醬油和糖沃入，用鏟刀反覆翻轉之，再將蔥切一寸長冬菰切絲加入。如喜酸則加醋半兩沃入；如不喜酸或用薄薄豆粉調水沃入，須臾卽可盛起矣。

以上煮法，係以酥爲主者。如以爛爲主，則蔥冬菰加入後，下水半小碗，蓋住鍋蓋，煮十數分鐘然後盛起。

醋溜鯉魚法同。

第八節　紅燒鰱魚頭尾 紅燒青魚鯉魚頭尾附

一、材料

鰱魚（南方名胖頭魚，有紅白二種，白者亦名白魚。）一頭，魚身肉多處，或已作他用，（如炒魚片、川湯魚片、魚丸之類。）則魚頭尾可另行紅燒。

油八錢醬油半兩糖二錢葱三寸筍片一兩醋半兩。

二、器具

大碗。

三、烹調

切法　將魚頭兩鰓骨掀開，挖去兩鰓紅色似鋸齒者，洗淨。然後將頭劈開帶腦連骨切為小塊橫直只可四分大，魚尾切法亦同，筍切成片大小亦與魚頭尾略同。

烹法　將油倒鍋中燒滾，將葱切為半寸長，先放油中炸之，隨將魚塊及筍片

倒下，用鏟刀反覆炒之。隨將醬油、糖和水倒入，再反覆攪炒數十下。然後將醋

沃入少頃可盛起矣。

第九節　魚丸

一、材料

魚一斤海鰻爲上小鯊魚（俗名鯊仔）白魚、青魚、鰱魚（俗名胖頭魚）次

之。取其魚肉紋理細易於搗爛耆黃魚、鯽魚肉有直理，鯉魚肉有側理不可用。

豆粉三兩鹽三錢。

二、器具

大碗。

三、製法

取魚刮去鱗皮，剔去大小骨，要乾淨。將肉洗淨切碎，放砧板上，兩手持兩刀亂

剁之，使成魚醢。又以刀背亂搗之，使稀爛，再亂剁之，酌置鉢中，和以豆粉及鹽，

下清水大半碗調勻若漿糊然用右手向鉢中攪打之，一面攪打，一面用指檢

魚肉之未細未爛者拈出置砧上積多則用刀再剁用刀背再搗再行和入，攪

打至千百下。一面先放溫水半大鍋只可微溫，不可熱用右手將鉢中魚料，

撈滿一握以食指與拇指合作一圈將握中魚料由此圈中擠出成一彈丸浮

於水面手快者，一分鐘可擠出數十丸溫湯漸熱，則以冷水參之俟丸形結實，

則湯可漸熱煮熟撈起食時加美味湯汁糝以葱珠可矣。

第十節　燻青魚

一、材料

青魚一頭，重二斤。

好醬油四兩酒二兩葱二寸糖半兩。

二、器具

大盤，大海碗。

三、烹調

切法　將魚剖洗乾淨，（法已詳前，）斷去魚頭魚尾。將魚身側刀橫切爲箍，厚三四分之間。

烹法　將醬油與糖酒相和，葱切爲珠加入，倒鍋中燒滾，倒在大海碗中，取魚放入浸之。爐中燒熾木炭，（煤炭不可用）取魚兩三箍，放鐵絲瓢上持向炭上燻之。看魚上汁乾，取放碗中再浸。另取他塊未燻之魚，如前法燻之，如前法取放碗中再浸。乃復取碗中再浸過之魚，再如前法燻之。燻過二次則魚已透味，無庸再燻矣。餘魚照推。

第十一節　乾炙鮮變鹹黃魚鰱魚白魚鯇魚帶魚俱可

一、材料

黃魚一頭。

鹽一兩油二兩醬油一兩。

二、器具

大碗大盤。

三、烹調

切法　將魚剖洗乾淨，（法已詳前，）劈分兩爿切爲大骨牌式，每塊闊六七分長一寸。取鹽研爲細末，薄薄抖之，攤向盤中使略透鹽味，約一小時可矣。

烹法　將油倒鍋中燒熟，取魚放入炙之，用鏟刀反覆翻轉炙透卽盛起。又若不用鹽變鹹則乾炘鮮魚只要一篦一篦橫切長約八九分寬如其魚。取油倒鍋中燒沸，魚放入炘之用鏟刀反覆翻轉看魚皮作黃色則熟矣沾醬油食之。

練習問題

（一）魚類之營養成分如何並有無毒質？

（二）黃魚之佳者，應用何法鑑別之？

烹飪法

（三）試述魚類之剖洗法。

（四）川湯魚片如何烹法？

（五）何謂瓜薑其調法如何？

（六）灯鱖魚如何烹法？

（七）白炖鯿魚應備何種材料？

（八）紅燒鯽魚烹法有二種試舉一種說明之。

（九）紅燒鰱魚頭尾之切法如何？

（十）製魚丸應用何魚爲最佳？

（十一）燻青魚如何烹法？

（十二）試述乾灯鮮變鹹黃魚應備之材料。

心一堂　飲食文化經典文庫

第十五章　蝦蛤烹飪法

水族動物之中，魚類之外尙有蝦、蟹、蛤蜊等其中尤以蝦爲四季常有之食物，亦有淡水產與鹹水產兩種。淡水產者，體小而色靑；鹹水產者體大而色白。通常所食則多爲淡水所產其中亦富蛋白質而脂肪質則較少。惟蝦類若產在穢水中或無鬚腹下通黑者皆不可食是亦不可不注意也茲將普通各種烹飪法，分述於後：

第一節　炒蝦仁

一、材料

海蝦（北方名白蝦）半斤，或十二兩，浦蝦同。（浦蝦北方名靑蝦。）油一兩白醬油半兩酒半兩糖半錢木耳三錢筍二兩（無則不用）葱三寸，

二、器具

大盤。

三、烹調

擘法　將蝦洗淨，用手折斷蝦頭，丟在一處，（洗淨可熬清湯作他用。）又將
蝦身從腹下擘開其壳用兩手捻住蝦尾，將蝦全身之肉擠出將壳帶尾，丟在
一處，（洗淨可熬清湯作他用。）蝦肉用薄薄豆粉和水拌之。

烹法　先將木耳泡水一朵撕作兩三塊筍切作釘葱切一寸長然後油倒鍋
中燒熟，將木耳等物先下油中炒之。然後將蝦肉倒入用鏟刀攪炒數下隨將
醬油加入糖加入酒加入，再炒數下熟矣。

第二節　香油蝦醉蝦附

一、材料

豆粉一錢。

蝦半斤須用青蝦稍大者，至小六七分長白蝦用不得。油四兩醬油半兩葱一根蒜頭數個。

二、器具

大盤。

三、烹調

剪法　不斷蝦頭，不擘蝦殼，將蝦頭之鬚蝦腹下之腳蝦尾之殼，用剪刀剪去，放清水中洗乾淨。

烹法　將油放鍋中燒沸，先將蒜頭劈去外殼，葱切一寸長，下油中灺之。隨將蝦倒入，用鏟刀反覆攪炒使蝦經油稍酥並透進葱蒜之味。然後將油舀起，蝦再倒入乃下醬油再攪炒數十下熟矣。

再醉蝦之法，將蝦如前法剪洗乾淨用生薑切米葱切珠並糖一錢，先將生蝦拌之，再用醬油、醋、香麻油漬之撒以胡椒麵漬三十分鐘已熟矣。

第二節 灼蝦餅

一、材料

蝦十二兩用青蝦不用白蝦。

油二兩豆粉二兩。

二、器具

大盤。

三、烹調

剪法及調揑法　家常所食蝦餅，因青蝦太小，旣不足劈壳以炒蝦仁，亦不足帶壳以作香油蝦。乃用剪刀剪去一切蝦鬚蝦脚用豆粉和水拌之揑作圓形如餅徑一寸左右厚三分左右，故名蝦餅。

烹法　將油倒鍋中燒熟將已揑成餅形之蝦，放油中反覆灼之。灼熟盛盤沾醬油食之。

心 一堂　飲食文化經典文庫

又一種加工製法，係用大青蝦劈去頭壳，（法已詳炒蝦仁下。）洗淨瀝乾，放砧板上用刀亂剁之，將蝦肉剁成黃豆大，（不要太細）以和發料之豆粉拌之，（法已詳瓜棗下。）揑成餅形大徑寸厚三四分放滾油中灺之。

第四節　灺蛤蜊餅川湯蛤蜊附

一、材料

蛤蜊一斤。（蛤蜊雖海味。但南北皆有之，且其價甚廉。）

油四兩豆粉一兩發料二錢葱一寸。

二、器具

大盤，大碗。

三、烹調

切法　將蛤蜊帶壳洗淨瀝乾，取一大碗，用刀從蛤蜊壳後面紐合處劈之，用手將蛤蜊肉挖出置碗中挖完淨洗砧板，將蛤蜊肉撈起，放砧板上用刀亂剁

之，稍碎（不要太細，）仍取置碗中，帶著蛤蜊汁。

烹法　先用發料和豆粉（和法已詳瓜棗下。）和成，取拌蛤蜊及汁，揑成圓式如餅，（喜葱者下葱末少許）取油倒鍋中燒沸，將餅式蛤蜊一塊一塊放下灯之，餅面作深黃色則熟矣。又一種簡便法，惟將發料與豆粉和好蛤蜊只劈開壳挖下肉，不用剁碎一粒取一粒拌已和豆粉，下沸油中灯之。

又川湯蛤蜊惟洗淨帶壳放沸湯中煮之俟壳開盛起下酒撒葱珠。

練習問題

（一）何種蝦不可食？

（二）炒蝦仁應如何擘蝦？

（三）香油蝦須備何種材料？

（四）試述醉蝦之法。

（五）試述灯蝦餅之製法。

（六）炆蛤蜊餅如何切法？

（七）川湯蛤蜊烹法如何？

第十六章　菜葉類烹飪法

植物中各種菜葉，亦爲吾人必需之食物。富者固可常食魚肉雞鴨，貧者則非常食菜類不可。蓋其價甚低廉且鄉僻農民均可自行種植故也。實則菜葉蛋白質與脂肪質雖少而戊種維他命甚富。且含多量之纖維素足以助腸之蠕動，有通便之功效故吾人不能以其價廉易得而輕視之也。惟菜葉上常有害菌或寄生蟲故必需熟煮之以防意外茲將各菜之烹飪法分述於後：

第一節　清燉白菜

一、材料

大白菜一根，約重二斤，鹹肉四兩。（炖白菜火腿爲上家常不能盡具則鹹肉、風肉爲次，鮮肉蝦米又次之單鮮肉用六兩單蝦米用一兩鮮肉須用鹽半

錢）

二、器具

大海碗。

三、烹調

切法　將白菜剝去外葉粗大者切去近根粗硬者，則二斤之菜，所剩不過一斤零可切爲數箍，一箍長一寸二三分整箍不擘開。

烹法　將鮮肉切片兩指大一指長半指厚鋪大海碗底。取白菜最嫩者三箍，品字安排肉片上下淸水小半碗放蒸籠或飯甑中蒸之。如用火腿則切片鱗次排白菜上如屋上瓦片相壓之狀以爲美觀。如用蝦米則隨便撒白菜上用鹹肉風肉亦照火腿法排之以蒸到稀爛爲要。

第二節　紅燒白菜

一、材料

109

白菜一根，約重二斤。

猪油二三兩、猪肉四兩蝦米一兩冬菰數朵醬油一兩半糖三錢。

二、器具

大海碗。

三、烹調

切法　將菜擘去外葉切去近根粗硬者，將嫩葉切爲細長之塊，約二寸長一指寬。將猪肉切爲絲，一寸長二分寬冬菰亦切爲絲，與蝦米用溫水泡之。

烹法　將油倒鍋中燒沸將白菜倒入炒軟急將醬油調糖倒入反覆攪炒使醬油與糖從菜塊四邊刀切處吸入作帶黑帶紅顏色。另用小鍋將油燒熟將肉絲蝦米冬菰絲倒入，炒到半熟取倒炒白菜鍋中合爲攪炒反覆數十下。此時白菜汁已出，加以油、醬油、肉絲之汁泡冬菰、蝦米之水不少湯汁。蓋住鍋蓋，爐中加大火煮之須臾熟矣。

第二節　炒白菜醋溜白菜附

一、材料

白菜一根，約重二斤。

油一兩醬油半兩糖二錢豬肉二兩冬菰三朵蝦米二錢筍一兩。

二、器具

大盤。

三、烹調

切法　白菜一根，中等大者重約二斤，劈去外葉粗大者，切去近根粗硬者，所剩尚一斤左右，可切四五簇。若炒一大盤，不過用到兩簇零，尚餘一半可作他用。一簇白菜心，可橫劈兩刀，直劈兩刀，分作井字形切之，一塊約一指半大。

烹法　先將冬菰每朵切為兩塊，與蝦米用溫水泡之，豬肉切片長一寸大一指厚一分，筍切片如豬肉，共下油鍋中燒熟炒之，然後燒起大火，將白菜倒下，

用鏟刀反覆攪炒之。看菜軟半熟，取醬油與糖調水沃入，再反覆攪炒，使之透味。看菜大熟卽可盛起矣。

又家常食或不用豬肉、蝦米、冬菰筍片等物，只用油炒，下醬油及糖，再加醋調豆粉沃入，亦別有風味。

第四節　醃白菜

一、材料

白菜一根，重約二斤。

醬油四兩香蔴油二兩辣椒數個生薑一塊糖三錢醋一兩。

二、器具

大海碗，七寸盤。

三、烹調

切法　將白菜剝去外葉，切去近根粗硬者，專留菜心嫩葉，切爲數籃。每籃一

寸長整籬不擘開，洗淨排大海碗內。

烹法　將辣椒切為細絲生薑切片再切為細絲，浸醬油中，加糖加醋，下有柄小鍋中燒沸，提起從白菜籬上面澆下澆盡瀝少頃，將所澆醬油菜汁瀝出，再放小鍋中燒沸。如前法再澆再瀝，再瀝出再熬，如是者三四次醬油汁即盛碗中漬之沃以香麻油食時取放盤上。

又一種製法，將白菜籬用線縛住下開水中略略煮熟，取放碗中，用醬油加糖，加醋，加薑絲辣椒絲漬之。

第五節　清煮瓢兒菜清羹芥菜附

一、材料

瓢兒菜一斤。

鹽半錢米泔一小碗油一兩。

二、器具

大海碗。

三、烹調

切法　去菜葉之焦爛殘破者，洗淨瀝乾，切爲一寸長。

烹法　將油倒鍋中燒熟，將菜倒入炒之，俟菜軟半熟，取水一碗倒入，再取米泔加入。（加米泔煮，視淸水煮倍覺有味。）俟水沸，然後將鹽下入煮到菜稀爛爲度。

又芥菜煮法，悉同瓢兒菜。大概北方喜白菜，南方喜瓢兒菜、芥菜。（江南人尤喜瓢兒菜。）芥菜種類不一，有大葉者，有缺葵葉者，最佳者爲雪裏紅。煮爛時，味與瓢兒菜略相同，而菜根之味，其美過於瓢兒菜，惟煮時不可蓋鍋蓋，蓋則菜黃而不綠。

第六節　炒白菜薹油菜薹同

一、材料

白菜薹半斤（薹即未開之花，）此菜以薹爲美薹可食時，葉亦不多。

豆油或芝麻油一兩醬油半兩酒半兩。

二、器具

大七寸盤。

三、烹調

切法　先摘去其梗之粗與其葉之粗者留其嫩葉與薹入清水洗淨刀切之，以寸爲度再用水洗淨瀝乾其水置竹籮中。

烹法　次取豆油或芝麻油倒鍋中燒熟（驗熟法已見前，）取菜薹及嫩葉置鍋中以鏟刀翻覆炒之俟菜軟，加入醬油以鏟刀翻覆攪和之，不蓋鍋蓋蓋則菜色黃而不翠菜太爛而不脆。俟熟以箸夾一塊嘗其熟否以酒沃之，用鏟刀略攪數下多攪則酒氣走而不香即酌起盛盤中速進席上則香甜翠脆四者俱備矣。

115

再或加肉釘、火腿釘、蝦米冬菰釘、更美皆於下醬油時加入。

第七節　拌芹菜拌其他菜附

一、材料

芹菜半斤。（芹菜南邊北邊不同，南邊芹菜菜園已將葉摘去，然後出賣北邊不摘葉出賣須食者自摘去。南邊芹菜，菜上半節綠色處，味辣不可食下半節白色近根處，不辣乃可食北邊芹菜小多全綠者雖微辣可食。

香麻油三錢醬油大半兩醋半兩。

二、器具

大碗。

三、烹調

切法　將芹菜上半節綠者切去只留下半節白者切一寸長（北方則但摘去葉切成一寸長。）

烹法　下水鍋中燒沸，取菜放下煮之，熟卽用鐵漏瓢撈起瀝乾放大碗中用

醬油香蔴油醋拌之。

拌蕹菜（亦名空心菜）蒿菜菠菜莧菜皆不去葉菜嫩未長者多全根不切，

只切去根稍長大則切之長寸拌法同但不用醋。

第八節　炒菠菜炒其他菜附

一、材料

菠菜十二兩。

二、器具

大盤。

三、烹調

切法　將菜去根洗淨切一寸長。

油大半兩醬油半兩，酒半兩。

烹法　將油下鍋中燒熟，將菜倒下，用鏟刀炒之菜軟，下醬油將酒分一半下鍋中再炒，熟後，再沃以一半之酒，炒莧菜蕹菜芹菜蒿菜蒜苗法皆同，惟芹菜最宜加肉絲蒿菜最宜加羊肉絲蒜苗加猪肉絲羊肉絲俱可。

又芥藍菜炒法亦同，惟諸菜梗葉並食芹菜專食梗不食葉芥藍專食葉不食梗。

又小白菜炒法亦同，惟可加醋加糖。

練習問題

（一）菜葉類之營養素如何？

（二）炖白菜以配何種材料爲最佳？

（三）試述白菜之紅燒法。

（四）炒白菜應如何切料？

（五）試述醃白菜之烹法。

（六）飄兒菜與芥菜清羹有何不同？

（七）炒白菜薹須備何種材料？

（八）芹菜南北有不同否與切法有無關係？

（九）炒菠菜與炒芹菜蒿菜蒜苗不同何在？

第十七章　豆瓜類烹飪法

豆類亦為吾人日常之食物，四時皆有之。瓜類則限於時令，非四時所常有。

豆類中最富於蛋白質幾佔全部三分之一以上卽豬雞肉亦不能超過之且富於乙種維他命；豆莢與豆芽又富丙種維他命故實為最好之食物惟其中多含纖維素難於消化不無缺點瓜類則營養素較少最多為水分而已時或有害菌及寄生蟲故必須熟煮之以期安全茲將通常各種烹飪法列述於後：

第一節　拌豆莢

一、材料

豆莢十二兩。（豆莢可帶莢食者有二種一種圓而長條一對如筯；一種扁如小刀名刀豆。）

香麻油三錢醬油大半兩芥末大半兩。

二、器具

大盤，大碗。

三、烹調

切法　將豆莢洗淨，如長條者切爲一寸長如小刀形者切爲兩三段。

烹法　先將芥末放茶杯內用開水沖之急將白紙一塊用水浸濕蒙於杯面上，隨便用碟子蓋之勿使辣氣漏洩（如不要甚辣者則無需紙蒙。）然後放水鍋中燒沸將豆莢倒入數沸之後取一塊嘗之熟則用鐵漏瓢撈起瀝乾倒大碗中以醬油香麻油和芥末拌之，再倒大盤上進食。

第二節　炒蠶豆炒青豆豌豆附

一、材料

蠶豆半斤蠶豆以小嫩者爲美太大太粗，則不佳矣。

油半兩醬油四錢猪肉二兩，冬菰二朵，醬薑三錢。

二、器具

大盤。

三、烹調

擘法切法　將蠶豆擘去外壳，洗淨瀝乾。將肉與醬薑切爲釘，冬菰用溫水泡透，亦切爲釘。

烹法　將油倒鍋中燒熟，取肉釘、冬菰釘、薑釘倒入炒之，隨取蠶豆亦倒入，用鏟刀翻覆攪炒。然後將醬油沃入，再炒數十下熟矣。

再青豆食法亦同。蠶豆須擘去壳，青豆須剝去外膜。

又豌豆食法亦同。惟豌豆有荚須先擘去豆上又有薄膜，剝之稍費事。

第三節　炒黄芽韭 炒綠豆芽黄豆芽附

一、材料

黃芽韭半斤黃芽韭單食味太濃或和肉絲或和綠豆芽炒之爲佳和肉絲則用肉四兩和綠豆芽則用綠豆芽半斤。

油一兩醬油半兩。

二、器具

大盤。

三、烹調

切法　先揀去其爛者焦者，入清水洗淨刀切之以寸爲度，再洗淨瀝乾其水。

烹法　將油倒鍋中燒熟，先將肉絲或綠豆芽倒入炒之半熟即將黃芽韭倒入，用鏟刀反覆攪炒然後將醬油加入須臾熟矣。

如無黃芽韭則綠豆芽爲主，須擇其肥而新鮮者和尋常韭菜炒之。綠豆芽半斤洗淨摘去兩頭（一頭豆一頭尖尾硬而帶焦。）韭菜只用二兩切一寸長，如前法炒之。

再炒黃豆芽法同，惟可不加韭菜。

第四節　紅燒冬瓜 白煑冬瓜湯絲瓜湯附

一、材料

冬瓜一篛，約重一斤。

油一兩醬油半兩。

二、器具

大碗。

三、烹調

切法　用刀將冬瓜外皮刮淨，刳去裏面之瓤，切爲方塊橫直約皆寬一寸二分。再以刀刲其外皮一面作棋枰格深二三分，每格相去二三分使易透味。

烹法　將油倒鍋中燒熟將冬瓜倒下，用鏟刀反覆炒之使徧著油，隨將醬油倒入。再反覆翻轉之加水少許蓋住鍋蓋以爛熟爲度。

又白煮冬瓜法　將冬瓜刮皮剖瓤後切爲片，厚二分，寬二指，長一指下水鍋中燒沸，將冬瓜片放下，加鹽三分湯一兩沸之，冬瓜卽熟矣。

又白煮絲瓜湯，亦同前法。

又簡便法：將冬瓜切爲至薄之片，厚不及一分，取二三十片，放大碗內下鹽三分，取百沸開水沃之，須臾熟矣。

第五節　醋溜瓠子炒絲瓜附

一、材料

瓠子半斤。

油大半兩醬油半兩醋半兩，丁香鰤（海中小魚晒乾者，小如丁香，南方多有）三四錢，或用蝦米，或用肉釘，或不用。

二、器具

大碗。

125

三、烹調

切法　將瓠切去蒂，用竹筋方式有棱者，以刮其皮。但刮皮則刮去外皮深綠而堅硬者一重，稍留內皮淡綠者。劈開挖去其瓤與子，切爲小長塊一指長，一指大。

烹法　將油倒鍋中燒熟，將肉釘或小魚、蝦米先倒入炒之。隨將瓠子倒入，用鏟刀翻覆攪炒之，隨加入醬油攪勻，蓋住鍋蓋。煮熟，加醋再攪數下盛起。

又絲瓜刮削法亦同瓠子，用竹筋刮去一重堅皮，稍留內皮之嫩綠者。其炒食法同瓠子，惟不加醋。

第六節　生拌蘿蔔

一、材料

蘿蔔半斤（蘿蔔以小如荔支而鮮紅者爲上，北方多有。）

醬油一兩醋半兩香麻油二錢糖二錢。

二器具

大碗。

三、烹調

切法　將小蘿蔔兩頭，切去一小片，（根蒂及前頭尖處。）不切用刀背或刀柄拭乾淨椎之使炸裂一小顆蘿蔔分爲兩三塊或蘿蔔稍大則切爲數塊再椎使炸裂以便拌時透味。

拌法　將已椎蘿蔔放大碗中，撒以糖，澆以醬油、香麻油與醋，以筯攪拌之。

又紅燒法　將蘿蔔切爲小塊用油炒過下醬油加水煮之。或加肉，加蝦米俱可。

又白煮法　將蘿蔔切爲小塊，或爲絲，加肉加鹽少許煮之。又茭白亦可拌食，惟須煮熟拌之。

第七節　紅燒小芋頭 芋羹葭筍羹附

一、材料

小芋頭十二兩。

油一兩醬油一兩。

二、器具

大碗。

三、烹調

切法　將芋頭用竹筯有棱者，刮去其皮用小刀亦可。刮畢洗淨，小者切爲四塊，最小者切爲兩塊。

烹法　將油倒鍋中燒熟，將芋頭倒下用鏟刀反覆攪炒之。下水小半碗蓋住鍋蓋，煮三十分鐘開起。加醬油，再反覆攪動再蓋鍋蓋煮爛熟盛起。

又小芋可作羹，將芋切爲釘方三分大，油燒熟炒之，再加醬油加肉釘，加水煮之，以稀爛爲度。

又葭箭亦可作羹,切半寸長,用肉釘、冬菰釘、醬油煮之,加豆粉調水和之。

第八節　紅燒茄拌茄附

一、材料

茄一斤。

油半斤醬油一兩半豬油二兩蝦米一兩。

二、器具

大盤,大碗。

三、烹調

切法　將茄洗淨勿去皮,切去蒂,剖為兩爿,將中間小子剜去每爿再剖分為二,帶皮切塊作三角形,洗淨瀝乾。

烹法　先將肉切為釘又將蝦米用溫水泡透。然後將油倒鍋中燒沸,將切塊之茄倒入灺之。隨用鐵絲瓢撈起,將餘剩之油倒去,鍋中留油少許(約小牛

兩，）將肉釘及蝦米倒下炒之稍熟出味，加入醬油，然後將灼過之茄倒入攪

炒數十下，使與肉釘、蝦米錯雜相和，加水兩三湯匙，再攪炒之俟其汁漸乾，肉

釘蝦米之味，吸進茄去則可用盤盛起矣。

再拌茄之法：將茄帶皮放鍋中煮爛熟將汁倒去。取出剝去皮，剖去茄中之子，

切爲數段每段約寸半長用手撕之約半指大（不用刀切）用醬油香蔴油

拌食之。

第九節　搗筍即紅燒筍燒葭筍附

一、材料

筍一斤。

豬油四兩醬油二兩糖一兩豬肉二兩蝦米半兩冬菰半兩。

二、器具

大盤，大碗。

切法　將筍壳層層剝盡，切去筍頭粗硬者，將筍切塊，一寸長半寸大放砧板上，用木棍或刀背搗之，使稍炸裂，煮時乃易於透味。

烹法　先將肉切為釘冬菰切為絲，及蝦米用溫水泡之。然後將豬油倒鍋中燒沸取筍倒入炒之，用鐵絲瓢在下承住，俟炒到透熟，將鐵絲瓢帶筍提起，將鍋中餘油筍去，另盛一碗，將肉釘冬菰蝦米皆倒入鍋略炒之，再將筍倒入攪炒勻和然後將醬油調糖沃入再翻覆攪炒數十下，俟醬油糖略收乾，再將筍起餘油倒入攪炒數下，俟並油亦略收乾可以盛起矣。一法筍搗後將醬油和糖先漬之漬透然後下鍋。

又紅燒筍不用豬肉、蝦米冬菰，單用蝦子（乾蝦子鋪中有賣，）和豬油、醬油紅燒之亦佳。

又葭筍（即菰菜俗亦名茭白，）亦可用蝦子紅燒。

第十節　雪裏紅會筍雪裏紅炒筍附

一、材料

雪裏紅三兩。（芥菜之最美者名雪裏紅鋪中有醃成者。）

筍半斤猪油一兩醬油半兩豆粉一錢香蔴油五分。

二、器具

大海碗。

三、烹調

切法　將雪裏紅鹹味，略略洗淡，細刀密切，長只可一分左右筍剝去皮切去近根粗硬者，切爲薄片厚不及一分長一寸寬半寸。

烹法　下猪油鍋中燒熟，將筍片先入，雪裏紅後入略炒數下將醬油倒入，隨加清水一小碗，（若有肉湯雞湯更好）煮之，蓋住鍋蓋五分鐘開起豆粉調水沃入用鏟刀略攪數下加上香蔴油盛入碗中。

又雪裏紅與箭，照以上切法，用油炒食甚美。

又無竹筍時茭白蒲（北方有蒲似箭｜山東尤多，）皆可當筍用。

練習問題

（一）豆類之營養素如何？

（二）試述拌豆莢之烹法。

（三）炒蠶豆應備何種材料？

（四）炒黃芽韭應與何物同炒並可用何物代之？

（五）試述紅燒冬瓜之切法。

（六）瓠子用何法切之？

（七）蘿蔔生拌與紅煮有何不同？

（八）紅燒小芋頭烹法如何？

（九）試舉紅燒茄與拌茄應備之作料。

（十）搗筍烹法有二任擇一種說明之。

（十一）雪裏紅會筍，如無筍時，可用何物代之？

第十八章　其他食物烹飪法

以上數章所述之食物，皆為動植物之原料，而未經吾人化製者但日常食物，亦有經人工化製而成者如豆腐、豆腐乾、麵筋等，本章所稱之其他食物，即指此類食物是。

豆腐乾與豆腐皆為大豆所製成，故其營養素亦無異於大豆，且較大豆為更易消化。麵筋則由麥粉所製成，與豆腐均為素食中之佳品茲將其烹飪方法，列述於後：

第一節　炒豆腐乾 炒香豆乾拌香豆乾附

一、材料

豆腐乾半斤。（豆腐乾南北不同，南邊豆腐乾黃色方塊橫直皆大一寸餘北

方無之惟一種老豆腐，硬軟等於南邊之豆腐乾，可以切片炒食。）

韭菜二三兩或用葱數根油一兩醬油大半兩酒三錢。

二、器具

大盤。

三、烹調

切法　將豆腐切小直塊，長一寸大三分厚二分，用清水漂淨。

烹法　將油倒鍋中燒熟，倒入韭菜或葱略炒數下。隨倒入豆腐乾，用鏟刀輕輕撥炒之，加上醬油，加上酒須臾熟矣。

又豆腐乾有乾灼食法　將豆腐乾切為薄片，長一指闊兩指薄半指，下油鍋中燒熟灼之沾醬油食。

又香豆腐乾炒食尤美將豆乾切為絲，大一二分之間，加大頭菜切絲相和，用油炒食之。

又如上法，用醬油、香麻油拌食之。

第二節　會豆腐 豆腐湯涼拌豆腐附

一、材料

豆腐六兩。（南北豆腐，俱有老豆腐、水豆腐兩種。南邊老豆腐、水豆腐，其差甚微；北邊老豆腐則硬似豆腐乾，水豆腐別名爲南豆腐，兩種皆可會食。）

油半兩，豬肉二兩，醬油半兩，冬菰數朵，蝦米三錢。

二、器具

大海碗。

三、烹調

切法　將豆腐切爲小方塊，方三四分大，肉切爲細絲，冬菰一朵，切兩三塊，並蝦米溫水泡之。

烹法　將油倒鍋中燒熟，將肉絲下入先炒。次下冬菰、蝦米，次下豆腐，用鏟刀

輕輕炒之，隨將醬油加入。少俟汁將收乾，加水半碗煮之，蓋住鍋蓋，煮五分鐘熟矣。

又豆腐可涼拌食，切如前法。用醬油、芝蔴醬、（或香醬油）拌食之北方多以之拌椿樹芽食。

又豆腐湯宜用南豆腐，（即水豆腐。）清煮不用油炒，須用肉片、冬菰、蝦米、醬油同會豆腐惟汁多耳又素豆腐湯則不用肉、蝦米等物單用蒿菜菠菜京冬菜下醬油煮之。

第二節　炒麵筋

一、材料

麵筋十二兩。

油一兩半醬油半兩糖半兩肉四兩。

二、器具

大碗

三、烹調

切法　麵筋形狀，南北不同。南邊圓條，形如碾麵圓棍，兩頭圓，長不過三寸。北邊方形，頭平尾尖平處大一指漸小到尾，尖如鐵釘均須整條放鍋中溫水煮之，至數十沸，去其臭味取起用清水多洗兩過，然後切為小片一寸長三分闊一二分薄。

烹法　先將肉切為絲，下油鍋中燒沸炒之，隨將麵筋倒入用鏟刀反覆攪炒。隨將醬油倒入，隨將糖和水倒入，再反覆攪炒，看汁略收乾熟矣。

又灶麵筋法：麵筋如前法切好須用油四兩燒沸，麵筋倒入灶酥。用鐵絲瓢撈起，瀝乾，將餘油舀去。乃將肉絲倒入略炒，取已灶麵筋投入，再下糖下醬油反覆炒之以汁乾麵筋酥為度。

第四節　素會

一、材料

金針菜一兩乾筍尖一兩乾粉一兩。（一名河南粉，亦名山東粉。）冬菰一兩小白菜二兩麵筋一兩豆腐筋一兩茭白二兩（無時則不用。）猪油三兩醬油一兩。

二、器具

大海盤。

三、烹調

切法　以上諸物皆用水泡軟。金針菜、乾筍尖、豆腐筋，皆切一寸長，乾粉切二三寸長冬菰一朵切兩塊麵筋用沸湯煮過（已詳炒麵筋下。）切片一寸長，三分大一分薄。

烹法　將猪油倒鍋中燒熟，將各物倒下炒之。隨加醬油，再用鏟刀攪炒，須臾熟矣。

又以上各物單食法，乾筍尖清水煮熟可拌醬油芝蔴醬（或香蔴油）食乾

粉煮熟可拌醬油芥末食。

練習問題

（一）豆腐與大豆之營養料如何？

（二）試述炒豆腐之烹法。

（三）豆腐有幾種煮豆腐湯以用何種豆腐爲佳？

（四）麪筋之形狀如何炒時應用何種切法？

（五）素會需用幾種材料？

書名：職業學校教科書：烹飪法
系列：心一堂・飲食文化經典文庫
原著：蕭閑叟 編
主編・責任編輯：陳劍聰

出版：心一堂有限公司
通訊地址：香港九龍旺角彌敦道六一〇號荷李活商業中心十八樓〇五一〇六室
深港讀者服務中心：中國深圳市羅湖區立新路六號羅湖商業大廈負一層〇〇八室
電話號碼：(852)9027-7110
網址：publish.sunyata.cc
淘宝店地址：https://sunyata.taobao.com
微店地址： https://weidian.com/s/1212826297
臉書： https://www.facebook.com/sunyatabook
讀者論壇： http://bbs.sunyata.cc

香港發行：香港聯合書刊物流有限公司
地址：香港新界大埔汀麗路36號中華商務印刷大廈3樓
電話號碼：(852) 2150-2100
傳真號碼：(852) 2407-3062
電郵：info@suplogistics.com.hk

台灣發行：秀威資訊科技股份有限公司
地址：台灣台北市內湖區瑞光路七十六巷六十五號一樓
電話號碼：+886-2-2796-3638
傳真號碼：+886-2-2796-1377
網絡書店：www.bodbooks.com.tw
心一堂台灣秀威書店讀者服務中心：
地址：台灣台北市中山區松江路二〇九號1樓
電話號碼：+886-2-2518-0207
傳真號碼：+886-2-2518-0778
網址：http://www.govbooks.com.tw

中國大陸發行　零售：深圳心一堂文化傳播有限公司
深圳地址：深圳市羅湖區立新路六號羅湖商業大廈負一層008室
電話號碼：(86)0755-82224934

版次：二零二零年二月，平裝

心一堂微店二維碼　　心一堂淘寶店二維碼

定價： 港幣　　　　一百零八元正
新台幣　　　四百八十元正

國際書號 ISBN　978-988-8583-11-9